DAS SOLARRUNDHAUS IN TROSSINGEN

ANDERS WOHNEN ANDERS LEBEN
....

Bernd Guido Weber

IMPRESSUM

© 2013 Bernd Guido Weber (Fotos und Text). Titelfoto Hermann Sand, Trossingen, mit freundlicher Genehmigung, dafür herzlichen Dank. Nachdruck, auch auszugsweise, Verwendung der Fotos sowie jegliche elektronische Verwertung nur mit ausdrücklicher, schriftlicher Zustimmung. Kontakt: berndgweber(at)aol.com, oder:
BG Weber, Sperberweg 4, 88299 Leutkirch.

Herstellung und Verlag: BoD – Books on Demand, Norderstedt.
Satz und Layout: Moritz Weber, Berlin.

ISBN: 9783732243426

Die Deutsche Nationalbibliothek verzeichnet diese Publikation in der Deutschen Nationalbibliografie; www.dnb.de.

INHALT

Das Solarrundhaus in Trossingen — 08

Gott suchen in der theosophischen Gemeinschaft — 12

Der Mensch als Expressionist der Liebe — 14

Außenwände aus Glas — 16

Wohnen in der Natur — 28

Die Theosophen-Gemeinde des Martin Bilger — 32

Der einzig mögliche Weg bis zur Wiedergeburt — 39

Die gesetzliche Ehe als Lüge — 42

Morgenrot des Jenseits — 43

DAS SOLARRUNDHAUS
IN TROSSINGEN

FOTO *Archiv BG Weber*

....

Martin Bilger gründet um 1900 eine alternative Theosophengemeinde – und bleibt allein.

Anfang des letzten Jahrhunderts gründet ein Aussteiger namens Martin Bilger in Trossingen, Südwürttemberg, eine Siedlung mit sechs erstaunlichen Häusern. Es sind die ersten passiven Solarhäuser Deutschlands: runder Innenraum mit dicken Mauern, umgeben von einem gläsernen Gang. Auch im Winter ist das Rundhaus warm, so die Sonne scheint. Der „Ulmer", wie Martin Bilger genannt wird, weil er in Ulm im Molkereigeschäft zu richtig viel Geld gekommen ist, will eine theosophische Gemeinschaft gründen, mit Gleichgesinnten. Dazu kommt es nie, Bilger bleibt allein. Der Verfasser hat ab 1981 das letzte der sechs Rundhäuser vor weiterem Verfall und drohendem Abriss gerettet, freundlich unterstützt von der Stadt Trossingen, dem Landesdenkmalamt Freiburg sowie den Trossinger „Heimatschützern". Seit 1983 ist das letzte Rundhaus als Kulturdenkmal geschützt. Seine Bewohner schätzen die ganz besondere Atmosphäre.

DAS LEBEN IM RUND

FOTO *Archiv BG Weber*

. . . .

Wer einige Zeit in einem Rundhaus lebt, fragt sich, warum die meisten Menschen dieser Erde in rechteckigen Häusern und Zimmern wohnen. Viele können sich nicht einmal vorstellen, in ein rundes Haus einzuziehen. *„Wo stellt man da die Möbel, die Schrankwand auf?"* ist eine Frage, die typisch ist für das normierte Denken des recht-schaffenden Menschen. Der betrachtet das Rechteck als das Normalmaß, den rechten Winkel als Ordnungsprinzip, mit dem man die Natur ‚in den Griff' bekommt, sich gegen eine bedrohlich erscheinende Umwelt eingrenzen kann und muss.
Das Leben im Rund kommt dagegen der *Heraklit'schen Erkenntnis* des *„Panta Rei"* nahe – einem Prinzip, das im buddhistischen Wandlungsgedanken, wie im kosmologisch-spiritualistischen Gedankengut einen festen Platz einnimmt. Der Kreis, das Rund scheint im Gegensatz zum Rechteck gleichzeitig endlich und unendlich zu sein – wie es der Kosmos auch ist. Wer in einer kosmologisch-pantheistischen Erkenntniswelt lebt, wird darum, so er kann, die runde Form des Wohnens wählen. Wie der *„Ulmer"*. Auch die Beete und Felder waren rund.

„Der Kreis, das Rund scheint im Gegensatz zum Rechteck gleichzeitig endlich und unendlich zu sein – wie es der Kosmos auch ist"

GOTT SUCHEN IN DER THEOSOPHISCHEN GEMEINSCHAFT

GRAFIK *Dagmar Weber*

Mit 46 Jahren war Martin Bilger des gewinnbringenden Handels mit Milch und Käse in Ulm überdrüssig. Als reicher Mann kehrte er in seinen Heimatort Trossingen zurück, um dort mit – noch zu findenden – Gleichgesinnten eine ‚*theosophische Gemeinschaft*' zu gründen. Bei naturgemäßem Leben, vegetarischer Ernährung, weitab vom ‚*naturwidrigen Zustand*' der modernen Kultur und ohne die Priester der beiden großen Religionen wollte Martin Bilger, der „*Ulmer*", Gott suchen.

Dies war durchaus kein einmaliges Vorhaben. Die als Sektierer und oftmals als religiöse Eiferer bekannten Pietisten Württembergs kennen zahlreiche Beispiele von Menschen, die sich in der Blüte ihrer Jahre aufgemacht haben, um auf ihrem eigenen Weg eine Gemeinde zu gründen und dem Seelenheil so näher zu kommen. Bekannt ist die württembergische Pietisten-Kolonie bei Jaffa im heutigen Israel – Pioniere in der Wüste, die bald blühende Gärten und wirtschaftliche Macht geschaffen hatten.

Berühmt ist die Kommune *ZOAR* in den Vereinigten Staaten bei Ohio, die Joseph Michael Rapp im Jahre 1817 gründete und die zwei Generationen lang gedieh, mit fortschrittlichen Ideen bei tiefstem Glauben an das biblische, vor allem an das alttestamentarische Wort. Eines der herausragenden Beispiele ist die Kommune *AMANA* des Christian Metz und der Barbara Heinemann. Während der Blütezeit um das Jahr 1890 zählte die Gemeinschaft in der fruchtbaren Flussniederung von Iowa sieben Dörfer mit 1800 Seelen. Die Kommune baute solide Fabriken, florierende Manufakturen und betrieb ertragreichen Ackerbau auf ihrem Grundbesitz von 20 000 Morgen.

Der geschäftliche Erfolg der Pietisten gleicht denen der Calvinisten. In den Gründerjahren und in der ersten Generation war er, neben dem glühenden Glauben, Garant für den Zusammenhalt, später Ursache des Zerwürfnisses und des Zerfalls.

Dass zu Beginn des 20. Jahrhunderts, und nach dem Menschenschlachten des Ersten Weltkrieges, die ‚*Erneuerungsbewegungen*' eine Blüte erlebten, zeigen nicht nur die starke Jugendbewegung der ‚Wandervögel, sondern auch die Beispiele des Monte Veritas im Tessin sowie des Heinrich Voglers von der Künstlerkommune Barckenhoff. Neben dem Bezug auf das Urchristentum findet man hier den Einfluss von Gustav Landauer sowie die heute wenig bekannte „*Tatphilosophie*" (‚*Die Tat als Erfüllung der Liebe, die ins All zurückfällt und so Liebe und Freiheit schafft*').

DER MENSCH ALS EXPRESSIONIST DER LIEBE

FOTO *Archiv BG Weber*

Heinrich Vogler, der solange glaubte, dass sich erst im Kommunismus das Urchristentum voll verwirklichen kann, bis er während des Zweiten Weltkrieges im fernen Sibirien unter unbekannten Umständen starb, hat aus diesem Satz der ‚*Tatphilosophie*' den schönen Satz vom ‚*Menschen als Expressionisten der Liebe*' formuliert:

„Liebe ist kosmischer Natur, ja kosmisches Gesetz; Liebe und kosmischer Selbsterhaltungstrieb sind identisch. Der Mensch ist der Expressionist der Liebe und wird so zum Symbol der einzigen Wahrheit. Liebe als kosmisches Gesetz sei zugleich wirkende Kraft und bewirkte Tat".

Ob Martin Bilger von diesen Strömungen wusste, Kontakt hatte, ist nicht bekannt. In einer Synthese aus urchristlichen Worten, kosmologisch-buddhistischem Glauben („Die Erde als Platz für einen vorübergehenden, zeitweiligen Aufenthalt der Menschen bestimmt, ist ein Ergebnis des Allwissens nach bestimmten Gesetzen... Die jeweiligen Schicksalsfügungen bilden Lohn oder Strafe der vorhergegangenen Tätigkeiten...") und der Überhöhung des altgermanischen Freiheits- und Gleichheitsideal sah er seinen Platz auf jeden Fall in Deutschland. *„Ein Deutscher muss Gott in den Wäldern suchen"* schrieb er. Mit Auswanderung, dem Anschluss an eine bereits bestehende Kommune hatte er nichts im Sinn, obwohl er, der suchende Millionär, bestimmt mit offenen Armen empfangen worden wäre. Also kaufte Martin Bilger das schönste Gartengelände von Trossingen zum doppelten Preis des damaligen Wertes. Damals begann bereits zart der Aufstieg des kleinen Ortes zur späteren Harmoni-

kastadt, zum Sitz des weltweiten Hohner-Imperiums. Er umhegte das weite, leicht nach Osten hin fallende Gelände mit Tuja- und Haselnusshecken, pflanzte die verschiedensten Obstbäume und gründete dort sein *„Hoffnungsheim"*, wie er seine künftige Theosophen-Gemeinschaft in einer Schrift nannte. Wären seine Vorstellungen angenommen worden, hatte es solche Siedlungen bald überall in Deutschland gegeben, manche kleiner, manche größer. Diese hätten das Bewusstsein der Menschen nach den Vorstellungen des *„Ulmers"* auf eine höhere Stufe erhoben.

Des Ulmers Schicksal freilich war, dass er sein Leben lang allein in seinem weiten *„Hoffnungsheim"* wohnte. Mitsuchende, die mit ihm nach genau aufgesetzten Regeln leben wollten (handschriftliche Satzung von Bilger ist im Besitz des Verfassers), fand er nicht. Seine Ehe endete ohne Glück, und nur sein einziger Sohn trat später, nach dem Tod des 81Jährigen (der eigentlich 100 Jahre alt werden wollte) das Erbe im *„Heimgarten"* an. Dieser Otto Bilger erreichte ebenfalls ein hohes Alter, lebte aber ebenso allein im *„Hoffnungsheim"* wie zuvor sein Vater.

AUSSENWÄNDE AUS GLAS

FOTO *Archiv BG Weber*

....

Im Jahre 1899 begann der *„Ulmer"* mit dem Bau von sechs Rundhäusern, deren Außenwände – für die damalige Zeit eine aufsehenerregende Sache – fast völlig aus Glas bestanden. Die Vorteile dieser Bauweise sind offensichtlich. Da das Haus rund ist, bietet es, von den philosophischen Implikationen einmal abgesehen, dem Wind kaum Angriffsfläche, wird aber von morgens bis abends von der Sonne beschienen. Der gläserne Rundgang, der den eigentlichen Wohnkern – ein großes Zimmer im ersten Stock – umgibt, erlaubt auch bei strengen Temperaturen den Aufenthalt außerhalb des Wohnraumes. Scheint die Sonne, wird dieser Rundgang selbst im Winter auf sommerliche Temperaturen aufgeheizt. Dieser Treibhauseffekt erwärmt dann auch den Innenraum, der durch den vorgelagerten Glasrundgang erstaunlich gut isoliert wird. Das große Innenzimmer wird zudem von Licht durchflutet und ist im wahrsten Sinne des Wortes transparent. Man kann von fast jedem Punkt des Zimmers aus in alle Himmelsrichtungen schauen.

Die Häuser hatten einen Innendurchmesser von sechs bis acht Meter, dazu kam das etwa zwei Meter breite Glasrund. Im Souterrain war die Küche, im Dachrund ein weiteres Gemach. Außerhalb des Hauses gab es jeweils einen eigenen Brunnen. Obwohl der *„Ulmer"* großen Wert auf Sparsamkeit legte, ließ er aus Paris bunte Glasbausteine kommen, um damit die Küchenfenster zu bauen – für die bäuerlich-arme Trossingen zu dieser Zeit ebenfalls eine Sensation. Während das Kernhaus selbst einer zweischichtigen, bis zu einem Meter dicken Steinmauer bestand, wurde der Glasrundgang mit Oberlicht aus Stahlprofilträgern errichtet, zwischen die sieben Millimeter starkes Glas eingelassen war.

FOTO *Archiv BG Weber*

BAUPLÄNE

BILDER *Archiv BG Weber*

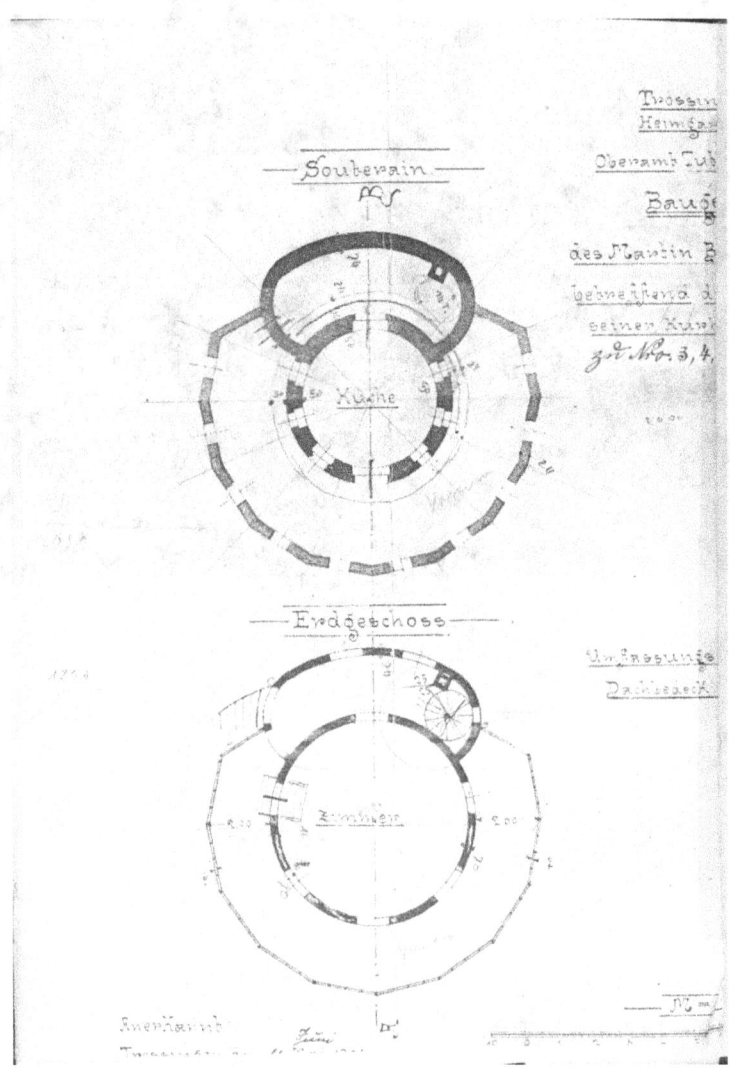

RUNDHAUS 2—5

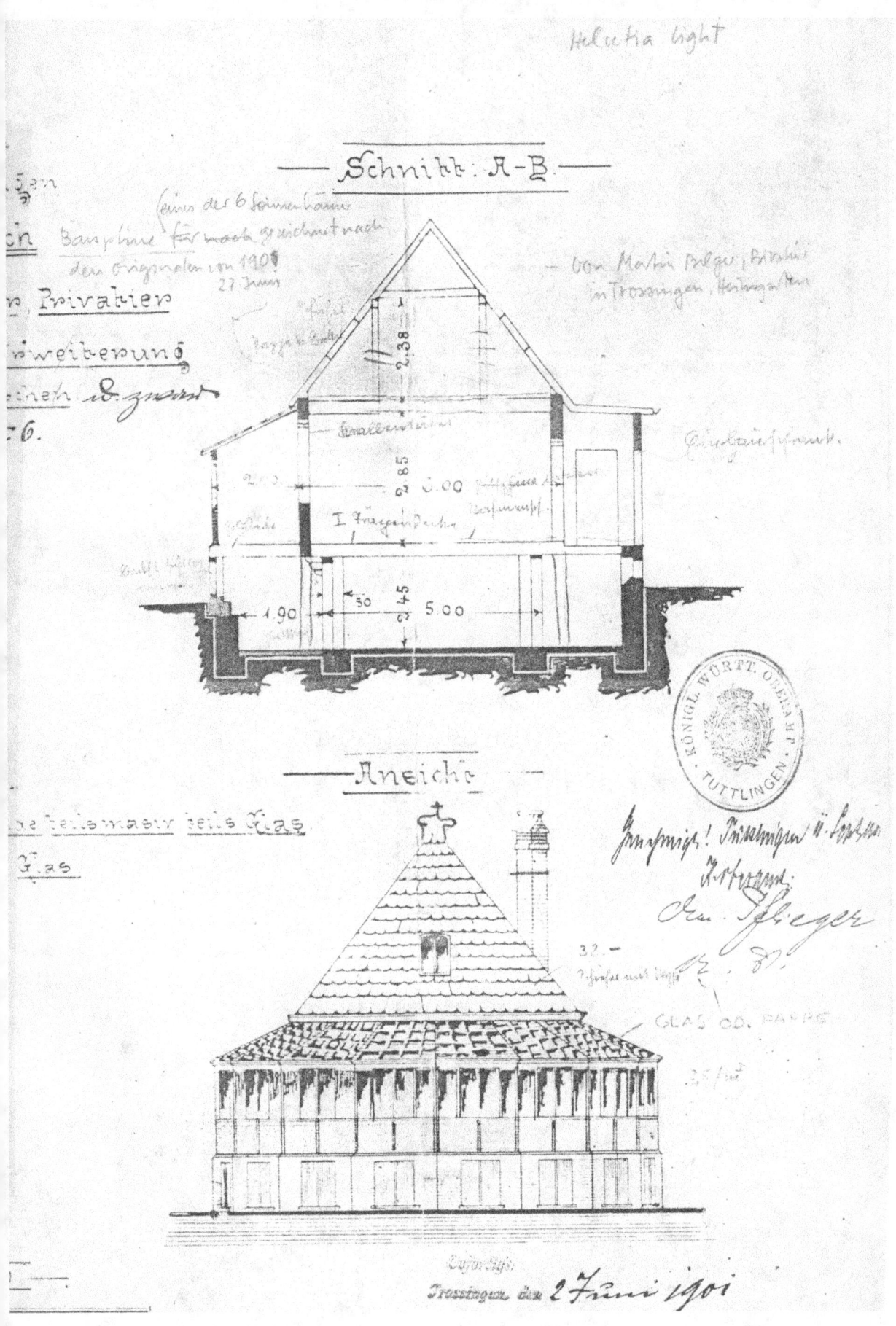

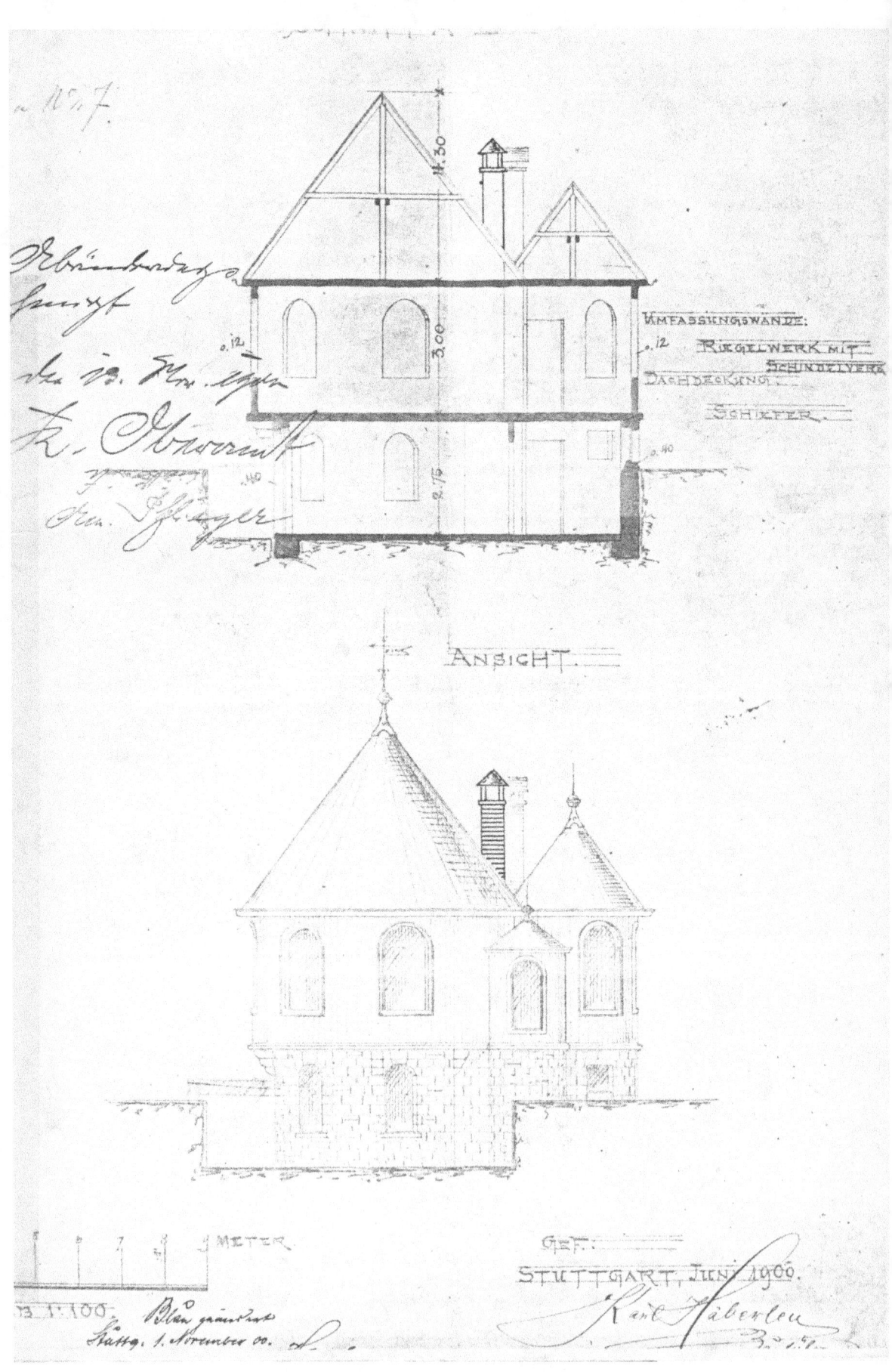

RUNDHAUS | Erkerhaus

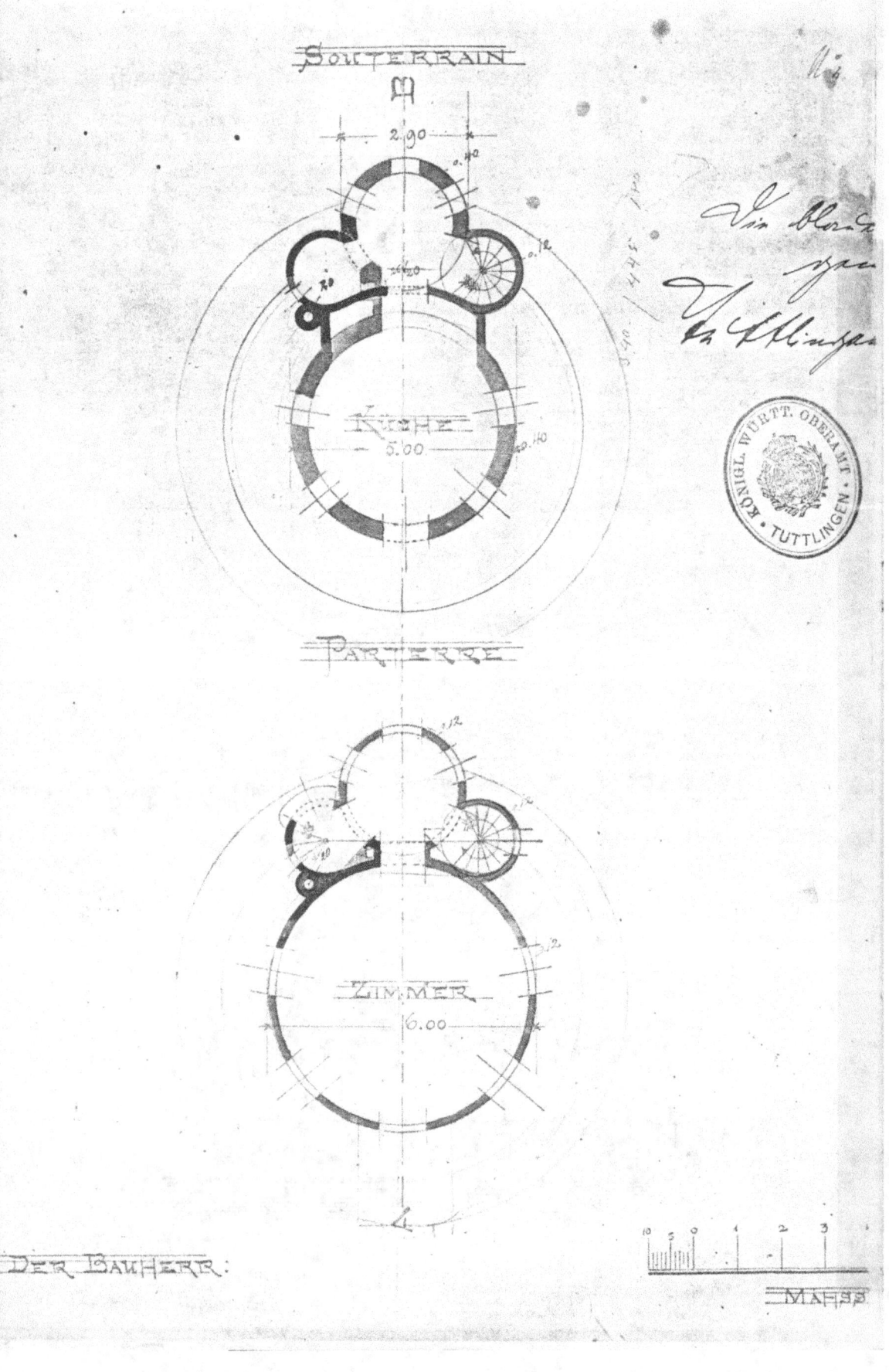

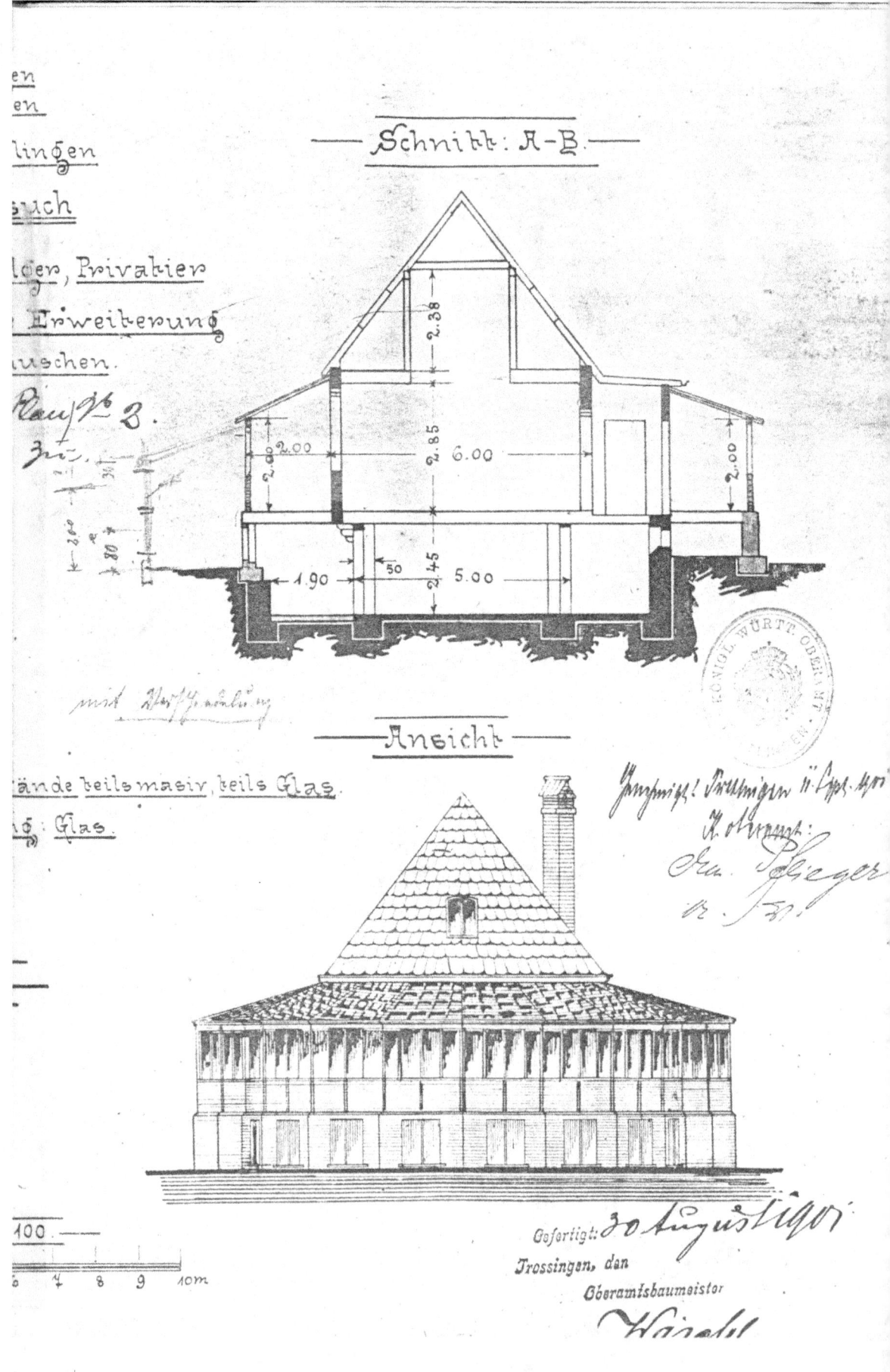

RUNDHAUS | 1901

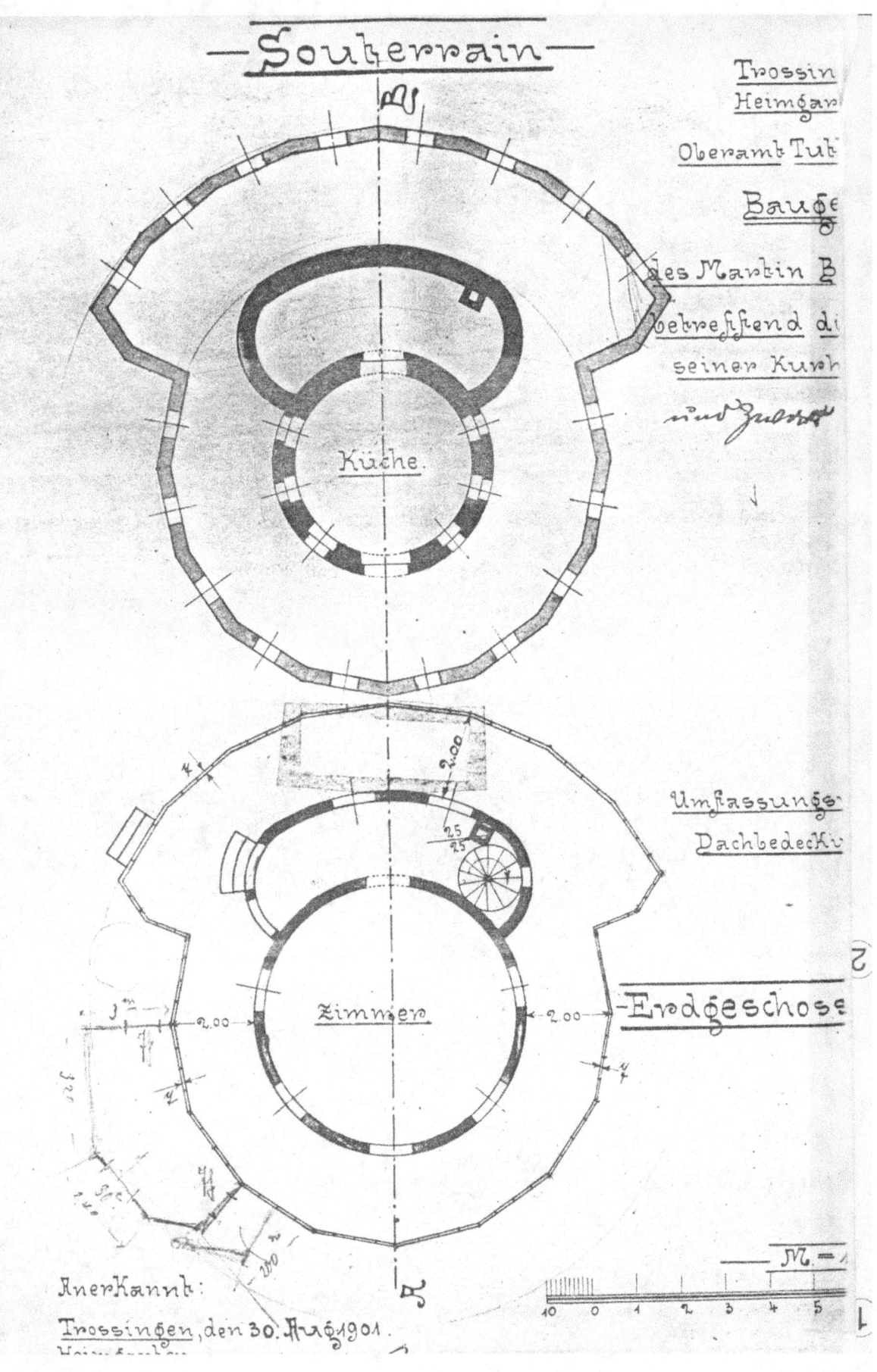

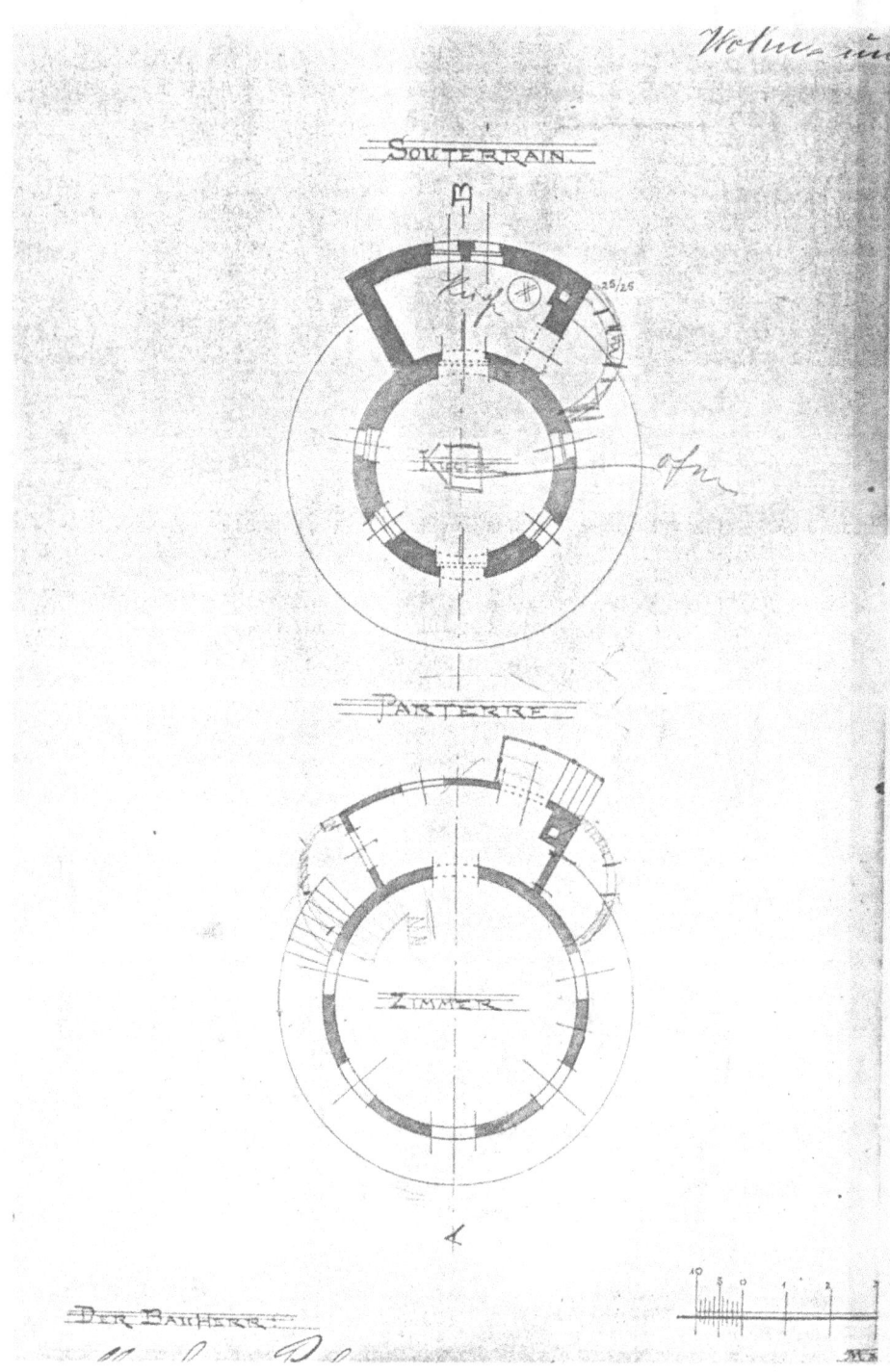

RUNDHAUS 2 | 1899

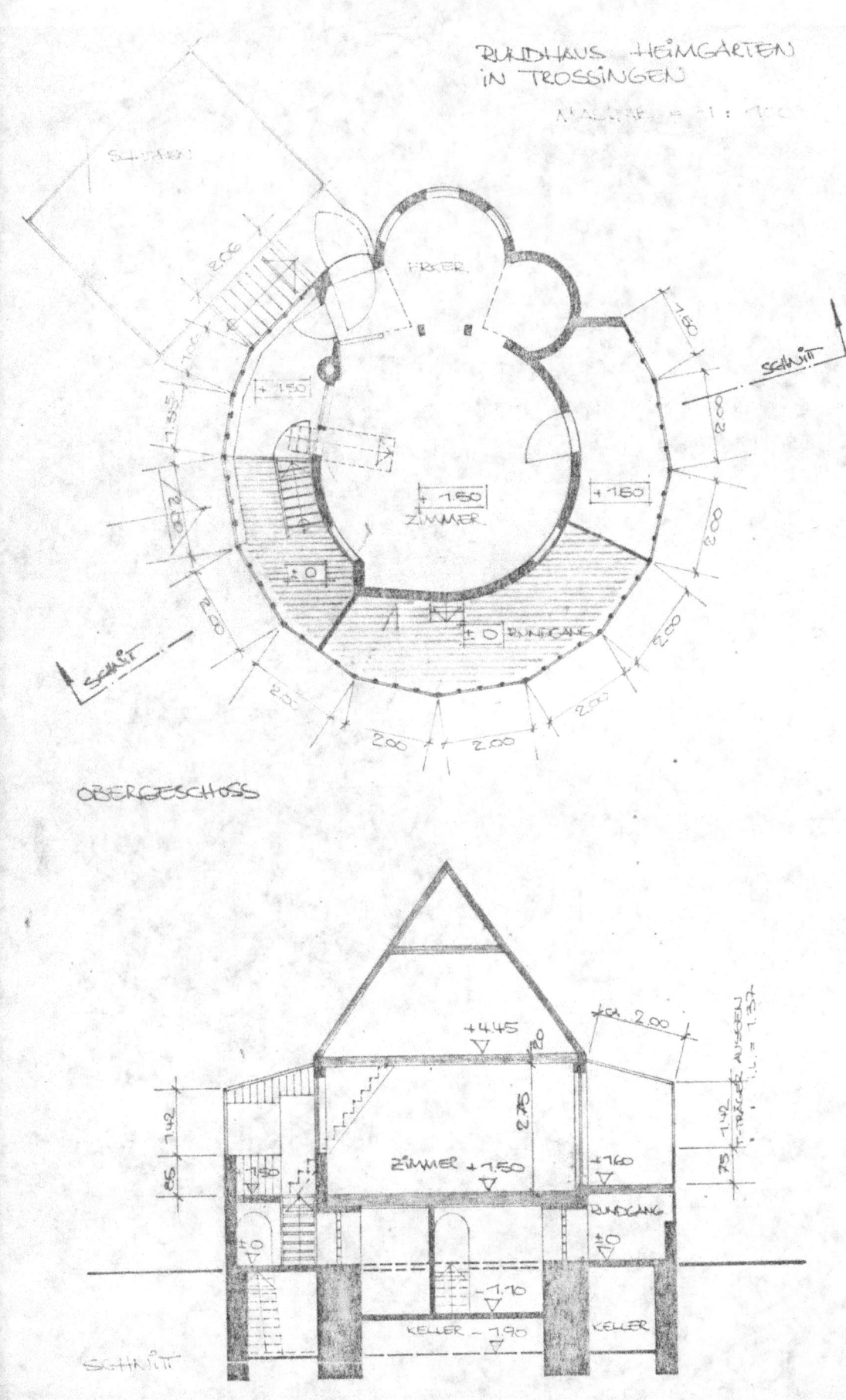

Bernd Guido Weber

WOHNEN IN DER NATUR

FOTO *Archiv BG Weber*

....

Der *„Ulmer"* sah in dieser Art des Bauens, die für die damalige Zeit revolutionär war, nur einen Notbehelf. Anders als der Bauhaus-Apologet und US-Stararchitekt Philip Johnson *(„Wir leben für die Schaffung großartiger Räume – jeder Architekt hat das Recht, jedes denkbare Verbrechen zu begehen, wenn er dadurch einen großartigen Raum schafft")* hatte Bilger bereits einen Raum vorgefunden, indem er leben wollte, nämlich den Kosmos und die Natur.

Am liebsten hätte der *„Ulmer"* einen Wohnplatz in der Natur ohne Behausung eingerichtet. Dies – so klagte er und man kann es ihm nachfühlen – lasse das widrige Wetter in unseren Breitengraden leider nicht zu. Das Haus betrachtet er als einen Notbehelf. Dessen Einfluss auf die Gesundheit des Menschen sei schädlich, es beeinträchtige die Lebensfreude und vermindere die Lebensdauer. Darum solle man das Haus – wenn es denn schon sein muss – so einfach und, in den verwendeten Materialien, so naturgemäß wie möglich bauen. Der Laubengang, also das Glasrund, soll als ‚Vermittlungsplatz' zwischen Garten und Haus dienen: Dieser könne in der wärmeren Jahreszeit auch als Schlafplatz benutzt werden, so dass das Schlafen in frischer Luft gegeben sei. Luftschlafhütten außerhalb des Hauses, an einem Platz im Garten, seien bei geeigneter Witterung jedoch vorzuziehen. Hat der Verfasser in seiner Trossinger Zeit übrigens gerne beherzigt und sich eine sonnendurchflutete Gartenhütte abseits als naturnahen Schlafplatz geschaffen (Nie wieder so gut geschlafen wie dort!).

Das Martin Bilger, der Menschenfreund, aber zugleich menschenscheu war (wie alte Trossinger zu berichten wissen) niemanden fand, der sich mit ihm zusammen auf die ‚Gottsuche' begab, ist bereits erwähnt. Zwei der sechs fertigen Glasrundhäuser wurden nie bewohnt. Die restlichen vier benutzte der *„Ulmer"* angeblich der Reihe nach, obgleich er sich als ‚Guru' das größte Rundhaus (das auch als Versammlungshaus dienen sollte) errichtet hatte. In eines der kleineren Häuser zog im Jahre 1935, also 35 Jahre nach der Fertigstellung, eine junge Familie, für eine Mark Miete am Tag mit Wohnrecht auf Lebenszeit. Dieses Haus steht als einziges heute noch. Seit 1983 ist es als *„Kulturdenkmal"* geschützt.

In den letzten Kriegsmonaten wurden die Rundhäuser Ziel eines

FOTOS *Archiv BG Weber*

französischen Bombenangriffs. Man vermutete im Heimatort der Nazi-Größe Fritz Kiehn geheime Produktionsanlagen. Zerstört wurde dabei kein einziges Haus; beschädigt wurden allein die Rundverglasungen und ein Schieferdach. Glas wurde durch Wellblech ersetzt. Nach dem Krieg dienten fünf der Häuser Heimatvertriebenen als Notquartier, bis eine durchaus nicht komfortablere Barackensiedlung im Tal am Bach errichtet wurde.
Mit Ausnahme des einzigen bewohnten Hauses standen die Rund-

häuser danach leer. Eines wurde in den 60er Jahren Opfer einer Brandstiftung, die Fama weiß zu melden, dass hier heiß abgebrochen wurde. Vier der gut erhaltenen Rundhäuser wurden im Jahre 1972/73 beim Bau der Bundesakademie für musikalische Jugendbildung niedergewalzt. Unsinnigerweise, wie man heute erkennt.

...opher-Gemeinde Gründu...

...der Niederlassung wird zu...
...ein Kleinwald benutzt, ange...
...Wohnplatzabteile nur zu 1 Ho...
...ls Wohn-, Obst- & Gartenbezü...
...n soll.

...en sich „Suchende" sind ...

...r, 2.) in Prüfende, 3.) in Wissende...

...gehören & nur für die ...
...gründlichsten Personen zugä...

DIE THEOSOPHEN-GEMEINDE DES MARTIN BILGER

FOTO *Archiv BG Weber*

. . . .

Martin Bilger, der *„Ulmer"* zeichnet in seinen beiden Schriften *(„Die Theosophen-Gemeinde-Gründung"*, Handschrift im Besitz des Verfassers, sowie *„Hoffnungsheim – ein Zukunftsbild um das Jahr 1950"*, Berlin 1907, ebenfalls im Besitz des Verfassers) verschiedene Modelle einer künftigen Theosophen-Gemeinde; von der Gemeinschaft mit je zwölf Personen bis hin zur Großgemeinschaft mit mehreren hundert Frauen, Kindern und Männern. Der *„Ulmer"* legt dabei keine kohärente Lehre vor, sondern beschreibt verschiedene Organisationsformen. Die Lehre selbst soll als *„Geheimlehre"* gelten und nur mündlich an *„Meister"* weitergegeben werden. *„Lernende und Suchende"* – so der *„Ulmer"* – *„sollen mehr durch eigene Anschauung erfahren als durch Worte"*. Dem geschriebenen Wort steht er ebenso skeptisch gegenüber wie dem zu viel gesprochenen; seiner Ansicht nach sollte es geschriebener Bestimmungen über Rechte und Pflichten in einer menschlichen Gemeinschaft überhaupt nicht bedürfen. Der **„Ulmer"** geht davon aus, dass sich die Kultur in einem unnatürlichen Zustand befindet, dass Erkenntnis weder von Schule und Wissenschaft noch von den starren Institutionen der der beiden großen Kirchen vermittelt werden kann. *„Das geschichtlich gewordene Christentum verweist Gott aus der realen Welt an Mittelspersonen – so kommen Kräfteverbindungen zwischen Gott und Geschöpf nur schwer zustande"*. Der Mensch lebe nur kurze Zeit auf dieser Erde und müsse demzufolge danach trachten, sich in dieser Welt möglichst hoch zu entwickeln.

FOTOS *Archiv BG Weber*

„DER EINZIG MÖGLICHE WEG BIS ZUR WIEDERGEBURT"

FOTO *Archiv BG Weber*

„Wir denken uns den Mensch in mehrfachen und gleichzeitig nebeneinander bestehenden und ineinander übergehenden Wesenszuständen von fortlaufender und veränderbarer Dauer. Unsere jetzige Lage ist das Ergebnis einer früheren Tätigkeit im früheren Leben. Unser höchstes Ziel: Unser jetziges Leben so mit Tätigkeiten auszustatten, dass diese die Vorbedingungen für eine möglichst harmonisches nächstfolgendes Leben abgeben".

Diese Entwicklung, so der „*Ulmer*", werde aber von besagtem unnatürlichem Zustand der jetzigen Kultur blockiert. „*Verfehlungen der Menschen gegen das ewige Gesetzt bedingen Not; diese ruft die sogenannte Kultur und damit alle Irrtümer und Leiden hervor. Den verhängnisvollen Kreis kann man nur durchbrechen, indem man unter allen Umständen den in der Schöpfung zugrundeliegenden Willen vollziehe – das ist der einzig mögliche Durchgang bis zur Wiedergeburt*". Der „*Ulmer*" betrachtet es als Menschenrecht, eigene Lebensformen zu entwickeln, um so zur Erkenntnis der „*höchsten und alleinigen*" Naturgesetz zu kommen, in welchen das höchste Menschenglück fließt.

Diese neue Lebensform besteht nach Ansicht des „*Ulmers*" aus dem Dasein im Einklang mit Natur und Kosmos; aus naturgemäßem, unblutigem Leben bei landwirtschaftlicher Arbeit, durch die man sich selbst die notwendigen Lebensmittel herstellt; aus dem Leben in einer aufrichtigen Gemeinschaft, in der es zwar Besitz, aber kein Eigentum gibt; aus der geistigen Beschäftigung mit der Heiligen Schrift sowie der Musik, die beim „*Ulmer*" einen hohen Stellenwert einnimmt.

Materielle Grundlage ist ein Landgut, das in zwölf Anteile von je einem Hektar aufgeteilt wird. Jede Person über 14 Jahren wohnt in einem eigenen Rundhaus auf einem Landanteil allein; das Land ist auch alleine zu bestellen und bebauen. Andere Arbeiten wie Wegebau, Hausbau und Bewässerungssysteme werden gemeinschaftlich ausgeführt. An anderer Stelle – nämlich bei seinem größeren Kommune-Modell – erwähnt der „Ulmer" auch gemeinsame Werkstätten und Manufakturen; die gemeinsame Arbeit kann also vielfältig sein. Sind jeweils mehr als zwölf Personen über 14 Jahre in der Theosophen Siedlung, wird immer wieder zur Errichtung zwölf neuer Wohnplätze geschritten.

„DIE GESETZLICHE EHE ALS LÜGE"

....

Die gesetzliche Ehe lehnt der „*Ulmer*" – vielleicht aufgrund eigener schlechter Erfahrungen – ab. *„Es gibt nur eine wahrhaftige Ehe, nämlich wenn zwei Hälften sich gefunden haben"*. Weil es aber vorher schwer festzustellen sei, ob der Partner die entsprechende zweite *„Hälfte"* ist, seien die meisten Ehen eben keine Ehen, sondern *„Fremdverbindungen mit allen Unwahrheiten, die sich daraus ergeben. Die gesetzliche Ehe führt darum zu fortwährenden Lüge, da trotz des Irrtums Mann und Frau unauflösbar verbunden sind."*
Demgegenüber vertritt der „Ulmer" die völlige Gleichberechtigung von Mann und Frau. Frauen sind ebenso wie Männer jederzeit berechtigt, eingegangene Verbindungen zu lösen. Da – zumindest in dem kleineren Siedlungsmodell des *„Ulmers"* – Männer und Frauen nie zusammen leben, sondern jeder sein eigenes Rundhaus bewohnt und auf seinem Hektar und durch die Gemeinschaft ökonomisch unabhängig ist, kann die gegenseitige Aufrichtigkeit leichter verwirklicht werden als in anderen Beziehungen, bei denen eine Trennung nicht nur Herzschmerz, sondern auch soziale Probleme mit sich bringt.

Bernd Guido Weber

„MORGENROT DES JENSEITS"

....

In seinem größeren Siedlungsmodell schildert der *„Ulmer"* die Mann-Frau-Beziehung idealisiert, geradezu mystisch entrückt. Dabei wählt – nach reiflicher Prüfung – das Mädchen einen Mann. An den Feierlichkeiten nimmt die ganze Gemeinde teil. Danach fasten beide drei Tage lang. Vier Wochen lang dürfen beide anschließend arbeitsfrei *„flittern"*. Wenn ein Kind gekommen ist, - auf Nachwuchs legt der *„Ulmer"* großen Wert, um die Idee des *„Neuen Lebens"* zu verbreiten – kümmert sich die Frau ein Jahr lang um das Baby, bevor sie wieder am Gemeinschaftsleben teilnimmt. Weitere zwei Jahre übt sie sich in Enthaltsamkeit und lebt mit ihrem Erwählten ausschließlich in *„Seelenharmonie"*.

Das Ergebnis beschreibt der *„Ulmer"* so: *„Daraus ergibt sich ein leidenschaftsloses Beisammensein, von den besten Folgen begleitet; es tritt niemals Übersättigung und Unlust ein – die jungen Menschen bleiben durch ein ideales, zartes Band verbunden, umgeben von einem Morgenrot des Jenseits".*

....

„Wir haben aus unserem Verbrauch nicht nur das Schädliche entfernt, sondern auch das Überflüssige ausgeschlossen. So braucht man weniger zu arbeiten, was wichtig ist, da der Mensch zwei Drittel bis drei Viertel seines Lebens nicht zur Arbeit herangezogen werden muss."

....

ARBEIT MACHT UNFREI

....

"Das Ziel der Arbeit soll sein, arbeitsbefreiend zu wirken", schreibt der *„Ulmer"*. Er legt ein Konzept der Lebens-Arbeitsteilung vor, durch das man etwa ab dem 35. Lebensjahr nur noch das tun muss, was man will und sich vor allem den geistigen Beschäftigungen widmen kann.
Dies gilt für die größere Kommune, nicht für die Zwölfer-Gemeinschaft. Voraussetzung ist das natürliche Leben mit möglichst einfach zubereiteter, aber hochwertiger vegetarischer Kost. Weiter erkennt der *„Ulmer"*, dass die bisher verwandte Bekleidung in keiner Weise den gesundheitlichen Anforderungen entspricht – weder in Bezug auf Qualität noch vom Schnitt her. *„Also fertigt man die Kleidung selbst und stellt fest, dass die besten Rohstoffe auf Dauer die billigsten sind"*.
Geregelt ist die Arbeit so, dass bei 15- bis 20jähriger Lebensarbeitszeit nie mehr als täglich fünf bis sechs Stunden gearbeitet werden muss.
Vom 35. bis zum 40. Lebensjahr übernehmen die Männer und Frauen Aufsichts- und Leitungsämter. Danach können sie sich völlig der Theosophie widmen.
Möglich ist diese relativ niedrige Lebensarbeitszeit bei recht kurzer Tagesarbeitszeig durch freiwillige Beschränkungen auf das Wesentliche.
„Wir haben aus unserem Verbrauch nicht nur das Schädliche entfernt, sondern auch das Überflüssige ausgeschlossen. So braucht man weniger zu arbeiten, was wichtig ist, da der Mensch zwei Drittel bis drei Viertel seines Lebens nicht zur Arbeit herangezogen werden muss."

Wegweisende Worte. Ohne Widerhall.

Bernd Guido Weber

FOTOS *Archiv BG Weber*

Hoffnungsheim

ein Zukunftszeitbild um das Jahr 1950

von Martin Bilger
in Heimgarten bei Trossingen
(Württemberg)

Preis Mk. 1,—

FOTOS *Archiv BG Weber*

Bernd Guido Weber

www.ingramcontent.com/pod-product-compliance
Lightning Source LLC
Chambersburg PA
CBHW081816220526
45470CB00007B/2335